Annu Thomas
Magi John

Variação regional dos parâmetros de qualidade da água do rio Meenachil

AF308053

Annu Thomas
Magi John

Variação regional dos parâmetros de qualidade da água do rio Meenachil

ScienciaScripts

Imprint

Any brand names and product names mentioned in this book are subject to trademark, brand or patent protection and are trademarks or registered trademarks of their respective holders. The use of brand names, product names, common names, trade names, product descriptions etc. even without a particular marking in this work is in no way to be construed to mean that such names may be regarded as unrestricted in respect of trademark and brand protection legislation and could thus be used by anyone.

Cover image: www.ingimage.com

This book is a translation from the original published under ISBN 978-620-8-11637-8.

Publisher:
Sciencia Scripts
is a trademark of
Dodo Books Indian Ocean Ltd. and OmniScriptum S.R.L publishing group

120 High Road, East Finchley, London, N2 9ED, United Kingdom
Str. Armeneasca 28/1, office 1, Chisinau MD-2012, Republic of Moldova, Europe
Printed at: see last page
ISBN: 978-620-8-19233-4

Copyright © Annu Thomas, Magi John
Copyright © 2024 Dodo Books Indian Ocean Ltd. and OmniScriptum S.R.L publishing group

ÍNDICE DE CONTEÚDOS

CAPÍTULO 1
INTRODUÇÃO

1. Introdução

A água é uma substância de importância vital. É o meio que deu origem às primeiras moléculas vivas primitivas e, sem ela, não pode existir vida. A água tem ocupado um lugar importante na vida do homem. Desde os primórdios da humanidade, a disponibilidade de água determinou o local onde foram construídas as povoações humanas e o que os seres humanos podiam criar. Sem ela, nem o indivíduo nem a comunidade podem sobreviver.

1.1 Poluição da água

A poluição da água é a contaminação das massas de água (por exemplo, lagos, rios, oceanos e águas subterrâneas) quando os poluentes são descarregados direta ou indiretamente. Um relatório das Nações Unidas de 1971 define a poluição como "a introdução pelo homem, direta ou indiretamente, de substâncias ou energia no ambiente marinho (incluindo estuários), resultando em efeitos deletérios como danos aos recursos vivos, riscos para a saúde humana, impedimento das actividades marinhas, incluindo a pesca, impedimento da qualidade para utilização da água do mar e redução das amenidades[1] . As principais fontes de poluição da água são naturais, agrícolas, mineiras, municipais, industriais e acidentais [2,3] .

1.2 Rio Meenachil

A vegetação encantadora e o cenário natural de Kerala estão ligados à dádiva de Deus sob a forma de rios. No centro de Kerala, nos distritos de Idukki, Kottayam e Alappuzha, o Meenachil, com 78 milhas de comprimento, é um dos

2

principais rios[4] . Possui uma rede de numerosos riachos, canais, bicas, ribeiros, riachos, riachos e afluentes. O rio atravessa os distritos de Alappuzha e Kottayam. Também corre no distrito de Idukki, que é o limite ocidental do rio. Os taluks de Vaikom e Meenachil, no distrito de Kottayam, são também delimitados pelo rio. O rio Meenachil nasce a uma altitude de cerca de 1156 metros do nível do mar. O rio Meenachil tem uma área total de 1208,11 km2 e cobre uma área de 52 aldeias, 51 panchayats e 18 block panchayats. Os taluks de Chaganacherry e Kanjirappally formam o limite oriental do rio. O rio Meenachil é formado pelos Ghats ocidentais Kadampuzha de Annakunnumudi, Thikovil de Kurisumala, Marmalayar de Poonjar, o rio Chittoor, o rio de Kolahalamedu, que criam o rio Meenachil. Escolhemos o rio Meenachil como meio para o nosso projeto, uma vez que, sendo nós residentes no distrito de Kottayam, consumimos água deste rio e muitas pessoas satisfazem as suas necessidades diárias com a ajuda da água do rio Meenachil. O rio, com 78 km de comprimento, passa por Poonjar, Teekoy, Erattupetta, Palai, Ettumanur e Kottaym antes de desaguar no lago Vembanad em Kumarakom, o famoso local turístico de Kerala. Assim, o rio atravessa uma vasta paisagem e, de facto, não há nenhuma região em Kottayam que não esteja ligada ao rio Meenachil através dos seus afluentes. Assim, o rio Meenachil faz parte integrante da vida das zonas rurais, pois é a fonte de água dos poços e da vegetação das margens. É também a fonte de abastecimento de água aos centros urbanos de Kottayam Taluk.

Durante a monção, o rio pode estar cheio ou inundar as zonas baixas próximas em muitas ocasiões. As pessoas que vivem perto do rio e dos seus afluentes estão, de facto, profundamente preocupadas com o declínio da capacidade de relação com a água do rio devido à perda de cobertura arbórea, à perda de solo e à excessiva extração legal e ilegal de areia, bem como com os graves problemas de poluição da água devido à deposição de lixo no rio ao longo das suas margens. Atualmente, há uma escassez aguda no verão. Se não forem tomadas medidas sérias e imediatas, o rio Meenachil ficará em breve altamente poluído, afectando os lagos das pessoas que dependem do rio[5,6] .

1.3 Questões ambientais

Existem alguns problemas graves que afectam o ambiente da bacia hidrográfica do rio Meenachil[7,8] . Alguns deles são:

1. Poluição da água devido à deposição de resíduos urbanos e domésticos no rio ao longo de todas as margens do rio, especialmente em centros urbanos como Erattupetta, Pala, Ettumanoor e Kottayam.

2. A extração legal e ilegal descontrolada de areias fluviais conduz ao esgotamento do lençol freático.

3. Construção ilegal de numerosas barragens de controlo.

4. Desvio de água a montante da mini-barragem de Vazhikkadavu para a barragem de Idukki.

5. A pesca ilegal está a destruir a vida marinha.

6. Escavação de argila e areia dos arrozais para a indústria do tijolo e da construção.

1.4 Parâmetros de qualidade da água

O tipo de água que está a ser testada determina os parâmetros que o analista procura. Por exemplo, o cloro é um parâmetro importante na água potável, mas não é normalmente um fator na água natural. Os parâmetros para a qualidade da água são determinados pela utilização pretendida. Os parâmetros que podem ser importantes para a água potável são a alcalinidade, o pH, o sabor e a cor, os metais e sais dissolvidos, os microrganismos, etc. Os parâmetros importantes em termos ambientais são a salinidade, o OD, os nitratos, os ortofosfatos, a CQO, a CBO, os pesticidas, os sólidos totais em suspensão e a turvação.

No presente estudo, os seguintes parâmetros foram verificados durante três épocas do ano: outubro de 2012, janeiro de 2013 e abril de 2013:

1) Turbidez

2) E. coli

3) Cloro

4) Cloro residual

5) pH

6) DO

7) CBO

8) Fluoreto

9) Salinidade

10) Amónio

11) Nitrato

12) TDS

13) Condutividade eléctrica

14) Fosfato

15) Dureza total

16) Dureza cálcica

17) Dureza do magnésio

18) Ferro

1.4.1 Turbidez

A turvação é a turvação ou nebulosidade de um líquido causada por partículas individuais (sólidos em suspensão) que são geralmente insolúveis a olho nu, semelhante ao fumo no ar. A turvação da água pode ser causada pelo crescimento de fitoplâncton, por actividades humanas que perturbam a terra, pela erosão do solo, etc.[9] . Na água potável, quanto mais elevado for o nível de turvação, maior é o risco de as pessoas desenvolverem doenças gastrointestinais, uma vez que contaminantes como vírus ou bactérias podem ficar presos aos sólidos em suspensão.

1.4.2 E. coli

Os coliformes são bactérias que estão sempre presentes no trato digestivo dos animais, incluindo os seres humanos, e que se encontram nos seus dejectos. Encontram-se também em plantas e no solo. O teste básico para a contaminação bacteriana de um abastecimento de água é o teste para bactérias coliformes totais. Se a contagem de coliformes fecais for elevada no rio, há uma maior probabilidade de estarem também presentes organismos patogénicos[10,11] . Doenças como a febre tifoide, a hepatite, a gastroenterite, a disenteria e as infecções do ouvido podem ser contraídas em águas com elevadas contagens de coliformes fecais.

1.4.3 Cloro

O cloro é utilizado para proteger a saúde pública, matando os microrganismos presentes na água que causam doenças. A presença de cloro na água é causada pela dissolução de depósitos de sal, descarga de efluentes e intrusão de água do mar[12,13] . Apesar de não ser nocivo para os seres humanos, é um anião problemático na irrigação. As normas públicas de água potável exigem que o nível de cloreto não exceda 250mg/L.

1.4.4 Cloro residual

O teste de cloro residual é utilizado para determinar a quantidade total de cloro presente como residual (a quantidade de cloro presente após a satisfação da procura). Uma vez que o residual determina a eficácia do processo de desinfeção, é importante garantir que o residual se mantém dentro de um intervalo especificado. Demasiado cloro não proporciona uma desinfeção adequada e demasiado cloro pode matar a vida aquática nas águas receptoras[14,15] .

1.4.5 pH

O pH é um importante fator químico limitante para a vida aquática. O pH é expresso numa escala que vai de 1 a 14. Uma solução com um pH inferior a 7 tem mais atividade H+ do que OH-, e é considerada ácida. Uma solução com um valor de pH superior a 7 tem mais atividade OH- do que H+ e é considerada básica[16,17] . As alterações no pH podem alterar os aspectos da química da água. Por exemplo, à medida que o pH aumenta, são necessárias quantidades menores de amoníaco para atingir um nível tóxico para os peixes. À medida que o pH diminui, a concentração de metais pode aumentar, porque uma acidez mais elevada aumenta a sua capacidade de serem dissolvidos dos sedimentos para a água.

1.4.6 Oxigénio dissolvido (DO)

O oxigénio dissolvido na água é normalmente referido como DO. A quantidade de oxigénio dissolvido na água é expressa como uma concentração. Uma concentração é a quantidade de peso de uma determinada substância por um determinado volume de líquido[18,19] . A concentração de OD num curso de água é a massa de oxigénio gasoso presente, em miligramas por litro de água. (mg/l) também pode ser expresso como partes por milhão. O nível ótimo de OD para uma boa qualidade da água é de 4-6 mg/l.

1.4.7 Carência bioquímica de oxigénio (CBO)

A carência bioquímica de oxigénio é uma medida da quantidade de oxigénio utilizada pelos microrganismos na oxidação aeróbia ou na decomposição da matéria orgânica nas massas de água[20,21] . Normalmente, quanto maior for a quantidade de material oxigenado encontrado, mais oxigénio é utilizado para a oxidação aeróbica. Isto reduz a quantidade de oxigénio dissolvido disponível para os outros seres aquáticos. A CBO é um procedimento para determinar a quantidade de oxigénio dissolvido necessária para que um organismo biológico aeróbio numa massa de água decomponha o material orgânico presente numa determinada amostra a uma certa temperatura durante um período de tempo específico. Ou seja, a CBO é a quantidade de oxigénio utilizada durante a oxidação de resíduos exigentes[20,21] . O valor máximo de CBO na água potável é de 2mg/l.

1.4.8 Fluoreto

Verificou-se que o flúor tem um efeito atenuante significativo contra a cárie dentária e é aceite que alguma presença de flúor na água potável é benéfica. As concentrações ópticas são de cerca de 1mg/l. O flúor ocorre naturalmente em casos bastante raros, resultando quase exclusivamente da fluoretação das águas de abastecimento público e de descargas industriais[22,23] . Estudos de saúde demonstraram que a adição de flúor à água de abastecimento em níveis superiores a 0,6 mg/l conduz à redução da cárie dentária em crianças em crescimento e que o efeito benéfico ótimo ocorre em torno de 1 mg/l .

1.4.9 Salinidade

A salinidade é uma medida dos sais dissolvidos na água. A salinidade é normalmente mais elevada durante os períodos de baixo caudal e aumenta à medida que o nível da água diminui. A salinidade é medida como TDS (Total de Sólidos Dissolvidos), que mede a quantidade de sais dissolvidos na água, ou como CE (Condutividade Eléctrica), que é a propriedade de uma substância que lhe permite servir de canal ou meio para a eletricidade. A água salgada conduz a eletricidade mais facilmente do que a água mais pura. A CE de uma amostra pode ser convertida em TDS e vice-versa. As fontes de salinidade incluem escoamento urbano e rural contendo sal, fertilizantes e matéria orgânica[24,25] . A água com um nível de TDS superior a 500mg/L é inadequada para a irrigação de muitas plantas e tem um sabor desagradável para beber. Devido à sensibilidade e tolerância de diferentes plantas ao TDS, as plantas podem ser utilizadas como indicadores da salinidade do solo. Existem 3 categorias de salinidade: 0-0,5 ppt (0- 500 ppm) = água doce, 0,5-30 ppt (500- 30000 ppm) = água salobra (parcialmente salgada) e >30 ppt (30000 ppm) = água salgada. Estes são os valores admissíveis para a salinidade. Escolhemos este parâmetro porque a presença de um elevado teor de sal (cujo maior constituinte é o cloreto, q.v.) pode tornar uma água imprópria para uso doméstico, agrícola ou industrial, ou pode afetar a sua aptidão para a conquilicultura. Assim, é de grande importância verificar a qualidade da água que as pessoas estão a utilizar a partir do rio Meenachil.

1.4.10 Amónio

É um dos poluentes mais importantes do ambiente aquático devido à sua natureza altamente tóxica e à sua omnipresença nos sistemas de águas de superfície. É descarregado em grandes quantidades nas águas residuais industriais, municipais e agrícolas. Em soluções aquosas, o amoníaco assume duas formas químicas: $NH4+$ - ionizado (menos tóxico) e $NH3$ - ionizado (tóxico).

$NH3$ total: O amoníaco total é a soma do $NH3$ e do $NH4+$.

O amoníaco está geralmente presente nas águas naturais, embora em quantidades muito pequenas, em resultado da atividade microbiológica que provoca a redução dos compostos contendo azoto[26,27] . O amoníaco é tóxico para os peixes e organismos aquáticos, mesmo em concentrações muito baixas. Quando os níveis atingem 0,06 mg/L, os peixes podem sofrer lesões nas guelras. Quando os níveis atingem 0,2 mg/L, os peixes sensíveis, como a truta e o salmão, começam a morrer. Quando os níveis se aproximam de 2,0 mg/L, mesmo os peixes tolerantes ao amoníaco, como a carpa, começam a morrer. Níveis de amoníaco superiores a cerca de 0,1 mg/L indicam geralmente águas poluídas (esgotos ou contaminação industrial). Tal como os nitratos, o amoníaco pode acelerar o processo de eutrofização dos cursos de água, pelo que é um fator importante a verificar na água.

1.4.11 Nitrato

Os nitratos ocorrem geralmente em quantidades vestigiais nas águas superficiais. É o nutriente essencial para muitos autótrofos fotossintéticos e foi identificado como o nutriente limite de crescimento. Encontra-se apenas em pequenas quantidades nas águas residuais domésticas frescas, mas nos efluentes das estações de tratamento biológico nitrificantes, o nitrato pode ser encontrado em concentrações até 30 mg de nitrato como azoto/L[28] . No entanto, quando as concentrações de nitrato se tornam excessivas e estão presentes outros factores nutrientes essenciais, a eutrofização e a proliferação de algas associadas podem tornar-se um problema. A decomposição das algas esgota rapidamente o oxigénio dissolvido na água, resultando geralmente na morte maciça de peixes e em odores repulsivos, tornando as massas de água desagradáveis para consumo ou utilização recreativa. A EPA dos EUA fixou o nível máximo de contaminante (MCL) para os nitratos em 10 ppm ou 45 mg/L. Escolhemos este parâmetro porque níveis excessivos de nitratos na água podem causar a síndrome do bebé azul, também conhecida como metemoglobinemia. A exposição a curto prazo a níveis de nitrato na água potável superiores ao MCL pode causar doença grave ou morte, particularmente em bebés. O nitrato é convertido em nitrito no organismo, e o nitrito oxida o Fe2p da hemoglobina do sangue em Fe3p, tornando o sangue incapaz de transportar oxigénio, o que provoca uma doença chamada metemoglobinemia. Os bebés são muito mais sensíveis a este problema do que os adultos, devido ao seu pequeno fornecimento total de sangue. Os sintomas incluem falta de ar e pele azulada. Por conseguinte, o nitrato é um parâmetro importante a verificar na água[29,30] .

1.4.12 Sólidos totais dissolvidos

Os sólidos totais dissolvidos (TDS) são uma medida do conteúdo combinado de todas as substâncias inorgânicas e orgânicas contidas num líquido sob a forma de suspensão molecular ionizada ou microgranular. Os sólidos totais dissolvidos são o peso total de todos os sólidos dissolvidos num determinado volume de água, expressos em unidades de mg por unidade de volume de água (mg/L), também referidos como partes por milhão (ppm). As principais fontes de TDS nas águas receptoras são as escorrências agrícolas e residenciais, a lixiviação da contaminação do solo e as descargas de fontes pontuais de poluição da água provenientes de instalações industriais ou de tratamento de águas residuais. Certos sólidos totais dissolvidos de ocorrência natural resultam da meteorização e dissolução de rochas e solos. O nível máximo de contaminação (MCL) é de 500mg/litro (500 partes por milhão (ppm)) para TDS[31,32] . Muitos abastecimentos de água excedem este nível. Quando os níveis de TDS excedem 1000mg/L, a água é geralmente considerada imprópria para consumo humano.

Um nível elevado de TDS é um indicador de potenciais preocupações e justifica uma investigação mais aprofundada.

1.4.13 Condutividade eléctrica

Trata-se de uma medida da capacidade de uma solução, como a água de um fluxo, para fazer passar uma corrente eléctrica. É um indicador da concentração de iões de electrólitos dissolvidos na água. Não identifica os iões específicos presentes na água. No entanto, aumentos significativos na condutividade podem ser um indicador de que descargas poluentes entraram na água. É uma medida indireta da presença de sólidos inorgânicos dissolvidos, tais como cloreto, nitrato, sulfato, fosfato, sódio, magnésio, cálcio, ferro e alumínio[33,34] . Os compostos orgânicos como o óleo, o fenol, o álcool e o açúcar não conduzem muito bem a corrente eléctrica e, por isso, têm uma baixa condutividade na água. A condutividade também é afetada pela temperatura: quanto mais quente a água, maior a condutividade. Por este motivo, a condutividade é indicada como condutividade a 25 °C.

1.4.14 Fosfato

O fósforo em pequenas quantidades é essencial para o crescimento das plantas e para as reacções metabólicas nos animais e nas plantas. A proliferação de algas induzida por fosfatos pode inicialmente aumentar o oxigénio dissolvido através da fotossíntese, mas após a sua morte, mais oxigénio é consumido pelas bactérias, ajudando à sua decomposição[35] . Isto pode causar uma mudança nos tipos de plantas que vivem num ecossistema. As fontes não pontuais de fosfatos incluem: decomposição natural de rochas e minerais, escoamento de águas pluviais, escoamento agrícola, erosão e sedimentação, deposição atmosférica e entrada direta por animais/vida selvagem; enquanto que as fontes pontuais podem incluir: estações de tratamento de águas residuais e descargas industriais autorizadas. Em geral, a poluição de fontes não pontuais é significativamente mais elevada do que as fontes pontuais de poluição[36] . Os fosfatos não representam um risco para a saúde humana, exceto em concentrações muito elevadas. É medido em mg/L. Os cursos de água maiores podem reagir ao fosfato apenas a níveis próximos de 0,1 mg/L, enquanto os cursos de água pequenos podem reagir a níveis de 0,01 mg/L ou menos. Em geral, concentrações superiores a 0,05 mg/L terão provavelmente um impacto, enquanto concentrações superiores a 0,1 mg/L terão certamente um impacto num rio[37] .

1.4.15 Dureza total

A água dura é uma água com elevado teor de minerais e com concentrações elevadas de iões Ca^{2+} e Mg^{2+} . A água dura geralmente não é prejudicial à saúde, mas pode causar sérios problemas em ambientes industriais, em caldeiras, torres de refrigeração e outros equipamentos, formando escamas. Em ambientes domésticos, a dureza da água é indicada pela não formação de espuma com o sabão. A dureza pode assim ser definida como a capacidade de consumo de sabão de uma amostra de água[38] .

1.4.16 Dureza cálcica

O cálcio tem um papel importante nos processos biológicos dos peixes. É necessário para a formação óssea, coagulação do sangue e outras reacções metabólicas. Os peixes podem absorver o cálcio para estas necessidades diretamente da água ou dos alimentos. A presença de cálcio livre (iónico) em concentrações relativamente altas na água de cultura ajuda a reduzir a perda de outros sais (por exemplo, sódio e potássio) dos fluidos corporais dos peixes (isto é, sangue). Um baixo valor de dureza de $CaCO3$ é uma indicação fiável de que a concentração de cálcio é baixa. Contudo, uma dureza elevada não reflecte necessariamente uma concentração elevada de cálcio[39,40] . Uma leitura de dureza elevada pode resultar de altas concentrações de magnésio com pouca ou nenhuma presença de cálcio.

1.4.17 Dureza do magnésio

O magnésio é um mineral dietético para todos os organismos, exceto para os insectos. É um átomo central da molécula de clorofila, sendo por isso necessário para a fotossíntese das plantas. O magnésio não se encontra apenas na água do mar, mas também nos rios e na água da chuva, o que faz com que se espalhe naturalmente pelo ambiente[41,42] .

1.4.18 Ferro (Fe)

Um método comummente utilizado para a determinação de quantidades vestigiais de ferro envolve a complexação de Fe^{2+} com 1,10,-fenantrolina, produzindo um complexo de cor laranja-avermelhada intensa, $Fe(phen)_3^{2+}$. Uma vez que o ferro presente na água existe predominantemente como Fe^{3+} , é necessário reduzir primeiro o Fe^{3+} a Fe^{2+} . Isto é conseguido através da adição do agente redutor hidroxilamina[43,44] . É necessário um excesso de agente redutor para manter o ferro no estado +2.

CAPÍTULO 2

MATERIAIS E MÉTODOS

2. Materiais e métodos

2.1 Estações de amostragem de água

A água foi recolhida para análise nas seguintes estações por três vezes, em **outubro de 2012, janeiro de 2013 e abril de 2013.**

Local	Número da amostra
Meladukkam	1
Mankompu	2
Randattumukku	3
Eerattupetta	4
Pala	5
Kidangoor	6
Choottuveli	7
Thazhathangadi	8
Kottathodu	9
Kavanar	10
Pennar	11
Kaipuzhayar	12
Kayal	13

2.2 Modo de recolha da água

As amostras de água foram recolhidas a uma profundidade de 0,5 m num frasco de 2,5 litros de capacidade, cuidadosamente limpo e munido de dispositivos de dupla tampa. As amostras foram recolhidas até ao topo, sem deixar qualquer espaço, de modo a evitar a libertação prematura de gases dissolvidos durante o período de trânsito. Para a análise bacteriológica, as amostras de água foram coletadas em frascos de vidro neutro de 100mL de capacidade, devidamente esterilizados. As amostras de água recolhidas foram trazidas do campo para o laboratório na caixa de amostragem embalada e a análise foi efectuada no prazo de 24 horas após a recolha[45,46,47] .

2.3 Procedimento de análise

2.3.1 Turbidez

Uma propriedade das partículas - o facto de dispersarem um feixe de luz que incide sobre elas - é considerada uma medida mais significativa da turvação da água. A turbidez medida desta forma utiliza um instrumento chamado nefelómetro, com o detetor colocado ao lado do feixe de luz. Se houver muitas partículas pequenas a dispersar o feixe de luz, chega mais luz ao detetor do que se houver poucas. A unidade de turbidez de um nefelómetro calibrado chama-se unidade de turbidez nefelométrica (NTU).

Preparação da solução padrão:- Solução A:
5g de sulfato de hidrazina dissolvidos em 400mL de água destilada. Solução B:
5g de hexametileno tetramina dissolvidos em 400mL de água destilada.

Misturar as soluções A e B e perfazer 1L com água destilada e manter durante 8 horas à temperatura ambiente. Esta é a solução-mãe de 4000 NTU. Tomar 25mL desta solução e diluí-la para 100 mL. Procedimento
1. Preparar a solução padrão.

2. Colocar esta solução no nefelómetro

3. Estabelecer a leitura de referência desta solução-padrão como 100 NTU.

4. Pegar agora na amostra de água e colocá-la no nefelómetro.

5. Anotar o valor da turbidez.

2.3.2 E. coli

Requisitos do teste presuntivo de coliformes:-

1. Caldo de Mc Conkey (MB). É o meio utilizado para a estimativa. Contém um indicador púrpura de bromocresol que mostra uma mudança de cor de púrpura para amarelo[48] .

2. 15 tubos de ensaio de 20 ml

3. 15 Tubo de Durham Procedimento:-

1. Os 15 tubos de ensaio são divididos em três grupos de cinco cada.

2. Colocar um tubo de Durham em cada um dos 15 tubos de ensaio invertidos.

3. São adicionados 10 ml de MB de força dupla ao primeiro grupo.

4. 5mL de MB de concentração única são adicionados ao segundo e terceiro grupos.

5. Este é então autoclavado a 121°C, 15 libras de pressão, durante 15 a 20 minutos.

6. Deitar 10mL de amostra de água no grupo 1st .

7. Deitar 1mL de amostra de água no grupo 2nd .

8. Deitar 0,1mL de amostra de água no grupo 3rd .

9. Em seguida, incubar a 37°C durante 18-24 horas [37°C é a temperatura óptima, ou seja, a temperatura a que os microrganismos crescem e se multiplicam].

10. Contar o número de tubos de ensaio positivos e compará-lo com a tabela NMP. Observação:-

Quando os microrganismos crescem, produzem ácido devido à fermentação. Os organismos tornam-se turvos e mudam de cor de púrpura para amarelo. Se houver formação de gases, o tubo de Durham ficará a flutuar. Assim, se um tubo de ensaio tiver uma cor amarela e o tubo de Durham flutuar, então esse tubo de ensaio é considerado positivo.

Table 9221.IV. MPN Index and 95% Confidence Limits for Various Combinations of Positive Results When Five Tubes are Used per Dilution (10 mL, 1.0 mL, 0.1 mL)

Combination of Positives	MPN Index/ 100 mL.	95% Confidence Limits		Combination of Positives	MPN Index/ 100 mL.	95% Confidence Limits	
		Lower	Upper			Lower	Upper
0-0-0	<2	—	—	4-2-0	22	9.0	56
0-0-1	2	1.0	10	4-2-1	26	12	65
0-1-0	2	1.0	10	4-3-0	27	12	67
0-2-0	4	1.0	13	4-3-1	33	15	77
				4-4-0	34	16	80
1-0-0	2	1.0	11	5-0-0	23	9.0	86
1-0-1	4	1.0	15	5-0-1	30	10	110
1-1-0	4	1.0	15	5-0-2	40	20	140
1-1-1	6	2.0	18	5-1-0	30	10	120
1-2-0	6	2.0	18	5-1-1	50	20	150
				5-1-2	60	30	180
2-0-0	4	1.0	17	5-2-0	50	20	170
2-0-1	7	2.0	20	5-2-1	70	30	210
2-1-0	7	2.0	21	5-2-2	90	40	250
2-1-1	9	3.0	24	5-3-0	80	30	250
2-2-0	9	3.0	25	5-3-1	110	40	300
2-3-0	12	5.0	29	5-3-2	140	60	360
3-0-0	8	3.0	24	5-3-3	170	80	410
3-0-1	11	4.0	29	5-4-0	130	50	390
3-1-0	11	4.0	29	5-4-1	170	70	480
3-1-1	14	6.0	35	5-4-2	220	100	580
3-2-0	14	6.0	35	5-4-3	280	120	690
3-2-1	17	7.0	40	5-4-4	350	160	820
4-0-0	13	5.0	38	5-5-0	240	100	940
4-0-1	17	7.0	45	5-5-1	300	100	1300
4-1-0	17	7.0	46	5-5-2	500	200	2000
4-1-1	21	9.0	55	5-5-3	900	300	2900
4-1-2	26	12	63	5-5-4	1600	600	5300
				5-5-5	≥1600	—	—

2.3.3 Cloro

Se o cloreto de água for titulado com uma solução de nitrato de prata, o cloreto precipita como cloreto de prata branco. O cromato de potássio é utilizado como indicador, que fornece iões cromato. À medida que a concentração de iões cloreto se aproxima da extinção, a concentração de iões prata aumenta até um nível em que se forma um precipitado castanho-avermelhado de cromato de prata, indicando o ponto final.

Titulação argentométrica

O cloro é determinado por titulação com uma solução padrão de $AgNO_3$, utilizando K_2CrO_4 como indicador. Reagentes:-

1. Água destilada sem cloretos.

2. Solução padrão de nitrato de prata (0,0141 N)

3. Indicador de cromato de potássio

4. Ácido ou alcalino para ajustar o pH. Equipamentos:-

1. Frascôs de Erlenmeyer.

2. Cilindros de medição

3. Bureta e pipeta Procedimento:- O que é que se deve fazer?

Tomar 50 ml da amostra e diluir para 100 ml. Se a amostra for colorida, adicionar 3 ml de hidróxido de alumínio, agitar bem; deixar assentar, filtrar, lavar e recolher o filtrado. A amostra é levada a pH 7-8 por adição de ácido ou álcali, conforme necessário. Adicionar 1mL do indicador. Titular a solução com uma solução padrão de nitrato de prata até à obtenção de um precipitado castanho-avermelhado.

Cálculo:-

Cloro (mg/L) = [(A-B) x C x 35,45 x 1000] / mL de amostra em que,

A= mL de $AgNO_3$ necessário para a amostra B= mL de $AgNO_3$ necessário para o branco C= Normalidade do $AgNO_3$ utilizado.

2.3.4 Cloro residual

Titulação iodométrica: Na presença de um excesso de solução de óxido de fenilarsina (PAO) e utilizando uma solução indicadora de amido, quando o iodo é titulado na amostra, o ponto final é indicado pelo aparecimento de uma cor azul. Esta cor azul significa que todo o PAO reagiu completamente. Ao subtrair a quantidade de iodo titulada da quantidade de PAO originalmente adicionada, o cloro residual pode ser determinado.

Reagentes:-

1. Solução de óxido de fenilarsina (PAO), 0,00564 N

2. Titulante padrão de iodo (I_2), 0,0282 N

3. Solução de dicromato de potássio ($K_2 Cr O_{27}$), 0,00564 N

4. Iodeto de potássio (KI), cristais

5. Solução de iodeto de potássio (KI), 5% W/V

6. Solução tampão de acetato, pH 4,0

7. Solução-padrão de arsenito (As O_{23}), 0,1 N

8. Indicador de amido Equipamento:-

1. Proveta graduada de 250 ml

2. Pipetas de medição de 5 ml

3. Frascos Erlenmeyer de 500 ml

4. Pipeta volumétrica de 5 ml

5. Bureta de 10 mL (de preferência graduada para 0,01 mL) Procedimento

1. Verter 200 mL de amostra ou diluição num Erlenmeyer de 500 mL.

2. Adicionar volumetricamente ao balão 5,0 mL de solução de óxido de fenilarsina (PAO) 0,00564 N ou de solução de tiossulfato de sódio.

3. Agitar o conteúdo do frasco durante todas as adições químicas.

4. Adicionar ao balão cerca de 1 g de cristais de iodeto de potássio (KI) ou 1 mL de solução de KI a 5%.

5. Adicionar 4 mL de solução tampão pH4-acetato (ou o suficiente para baixar o pH para um valor entre 3,5 e 4,2).

6. Adicionar 1 ml de indicador de amido.

7. Continuar a agitar e titular com solução de iodo 0,0282 N até ao primeiro aparecimento de cor azul que permanece após mistura completa.

8. Registar o valor do titulante de iodo utilizado.

9. Verificar a normalidade da solução de iodo pelo menos diariamente, completando os passos 1-8 com 200 ml de água destilada.

Cálculos:-

Cl_2 = [mL PAO adicionado - (5 x mL iodo titulado)] x 200/mL amostra

2.3.5 pH

No medidor de pH, um fio de Pt é mergulhado numa solução tampão, mantida num bolbo de paredes finas de vidro especial de baixa MP e elevada resistência. É criado um potencial através da membrana de vidro quando esta é mergulhada numa solução aquosa. Este potencial é medido com um potenciómetro, acoplando-o a um elétrodo de calomelano normalizado. A equação que relaciona o potencial e o pH é $E=E0+0,0591$ pH. Onde E é a tensão obtida quando o elétrodo é mergulhado na amostra e E0 é a tensão do elétrodo de hidrogénio padrão. Este elétrodo pode ser utilizado para medir o pH na gama de 0 a 14. O pH também pode ser medido utilizando o elétrodo de quinidrona.

2.3.6 Oxigénio dissolvido

Método de Winklers ou iodométrico:

O oxigénio presente na amostra oxida rapidamente o hidróxido de manganês divalente para o seu estado de valência mais elevado, que precipita como óxido hidratado castanho após a adição de NaOH e KI. Após a acidificação, o manganês volta ao estado divalente e liberta iodo do KI equivalente ao teor original de DO[49]. O iodo libertado é tratado contra Na2S2O3 utilizando amido como indicador.

Aparelho:

1) Frasco de CBO com capacidade para 300 ml

2) Dispositivo de amostragem para recolha de amostras.

Procedimento:

1) Recolher a amostra num frasco de CBO

2) Adicionar 2 ml de sulfato de manganês, seguidos de 2 ml de reagente

alcalino-iodo-azida. A ponta da pipeta deve estar abaixo do nível do líquido.

3) Misturar bem, invertendo o frasco 10-15 vezes, e deixar o ppt assentar, deixando 150 ml de sobrenadante límpido.

4) Adicionou-se 22mml de H2SO4misturado bem e o precipitado de rastos foi para a solução.

5) Colocar a solução num erlenmeyer e titular com NO2S2O3 std. NO2S2O3 utilizando amido como indicador.

Cálculos

$$DO(mg/L) : \frac{\text{Normality of } Na_2S_2O_3 \times V_{Na2S2O3} \times 8 \times 1000}{V_{sample}}$$

2.3.7 Carência bioquímica de oxigénio

O ensaio de CBO é geralmente efectuado medindo a concentração de O2 na amostra antes e depois da incubação no escuro a 20^0 c durante 3 dias[50] .

Aparelho: Garrafa BOD de 300 ml de boca estreita, com rolha de vidro cónica e pontiaguda.

Incubadora de ar, com controlo termostático a 20+1° c. A entrada de luz deve ser impedida para evitar a produção de oxigénio fotossintético.

Reagentes: Sulfato de manganês

1. Reagente de azida de iodeto alcalino

2. Tiossulfato de sódio normalizado

3. Indicador de amido

4. Conc. Ácido sulfúrico

Procedimento:

1. Preparar a quantidade necessária de água de diluição à razão de 100 ml por amostra e por diluição. Levar a temperatura da água de diluição a 27^0 c. saturada com ar, agitando-a com ar filtrado isento de matéria orgânica.

2. Encher três garrafas de CBO com a mistura da amostra e da água de diluição, fechando-as sem deixar entrar ar. Incubar a garrafa de CBO durante 3 dias a $20+1^0$ c.

3. Proceder como no método D.O.

Cálculos :

CBO = D.O. inicial - D.O. final

2.3.8 Fluoreto

Procedimento: M i s t u r a m - s e duas gotas de solução de cloreto de zirconilo e de solução de alizarina. A solução é acidificada com uma gota de HCL diluído. HCL diluído e adiciona-se duas gotas da amostra. A cor que se forma é imediatamente comparada com a tabela de cores de fluoreto e regista-se o valor de fluoreto.

2.3.9 Salinidade

Existem dois métodos principais para determinar o teor de sal da água: Sais Totais Dissolvidos (ou Sólidos) e Condutividade Eléctrica. Os Sais Totais Dissolvidos (TDS) são medidos através da evaporação de um volume conhecido de água até à secura, pesando depois o resíduo sólido remanescente. A condutividade eléctrica (CE) é medida através da passagem de uma corrente eléctrica entre duas placas de metal (eléctrodos) na amostra de água e medindo a rapidez com que a corrente flui (ou seja, é conduzida) entre as placas. Quanto mais sal dissolvido na água, mais forte é o fluxo de corrente e mais elevada é a CE. As medições da CE podem ser utilizadas para dar uma estimativa do TDS [2]. [2] Também pode ser testado utilizando um Multi parameter PC ST Tester. Colocam-se 25 ml da amostra numa tigela, mergulha-se o aparelho de teste e anotam-se as leituras apresentadas.

2.3.10 Amónio

Para tal, utilizámos um kit de teste de água para a estimativa do amónio. Este kit é fabricado pela "Nice Chemicals Pvt. Ltd., P.B. No.2217".

O procedimento do kit é o seguinte:
- Colocar 5 ml de amostra de água no tubo de ensaio.
- Adicionar 5 gotas de reagente de amónio -1 (NH-1) e misturar bem. A cor que se forma é imediatamente comparada com a tabela de cores do amónio e regista-se o valor do amónio.

2.3.11 Nitrato

Objetivo: Determinar a quantidade de nitrato presente na amostra de água.
Procedimento: Para o efeito, utilizámos um kit de teste de água para a estimativa do nitrato. Este kit é fabricado pela "Nice Chemicals Pvt. Ltd,
B.P. n.º 2217".
O procedimento do kit é o seguinte:
-Colocar 10mL de amostra de água no tubo de ensaio.
- Adicionar uma pitada de reagente de nitrato -1 (NA-1) e agitar a solução durante 5 minutos.
- Deixar repousar durante alguns minutos e decantar a solução sobrenadante (cerca de 5 mL) para outro tubo de ensaio.

- Em seguida, adicionar 3 gotas de reagente de nitrato-2 (NA-2) à solução sobrenadante e misturar bem. Aguardar 5 minutos, agitando ocasionalmente. A cor final formada é comparada com a tabela de cores dos nitratos e regista-se o valor do nitrato.

2.3.12 Sólidos totais dissolvidos

Lava-se cuidadosamente uma cápsula de evaporação e seca-se bem, mantendo-a numa estufa de ar quente. Anota-se o peso do prato de evaporação (w1). Introduzem-se 50 ml de amostra de água filtrada e evaporam-se. Quando toda a água se evapora, pesa-se o peso do prato de evaporação, arrefecido num exsicador (w2). A diferença de peso dá o total de sólidos dissolvidos em 50 ml, que é depois convertido em ppm (ou ppt). É elaborado um gráfico de TDS em função das amostras recolhidas.

$$TDS = (w2-w1/50)x10^6 \text{ ppm}$$

2.3.13 Condutividade eléctrica

Colocam-se 25 ml de amostra de água num copo. Introduz-se a célula de condutividade. Se a célula não estiver totalmente imersa, adiciona-se uma quantidade suficiente de água destilada. A célula é ligada à ponte de condutividade e a condutividade da solução é registada. Traça-se um gráfico da condutância em função da amostra de água recolhida.

2.3.14 Fosfato

Colocar 5 ml de amostra de água num tubo de ensaio. Adicionam-se 5 gotas de solução de molibdato de amónio, seguidas de 1 gota de benzidina. Aguardar 2-3 minutos para que a cor se desenvolva. A cor formada é comparada com a tabela de cores dos fosfatos e os valores são registados. Traça-se um gráfico da concentração de fosfato em função das amostras colhidas.

2.3.15 Dureza total

Em solução alcalina, o EDTA reage com Ca e Mg para formar um complexo quelatado solúvel. Os iões Ca e Mg desenvolvem uma cor vermelho-vinho com o Eriochrome Black T em solução alcalina. Quando o EDTA é adicionado como titulante, os iões divalentes Ca e Mg complexam-se, resultando numa mudança brusca de vermelho vinho para azul, que indica o ponto final da titulação. O pH desta titulação tem de ser mantido a 10. A um pH de 12, os iões Mg precipitam e apenas os iões Cálcio permanecem em solução. A este pH, o indicador Murexido forma uma cor rosa com os iões de cálcio. Quando se adiciona EDTA, os iões de cálcio complexam-se, resultando numa mudança de cor rosa para púrpura, o que indica o ponto final da reação.

Reagentes:-

• Solução tampão: dissolver 16,9 g de NH4 Cl em 143 ml de NH4OH e diluir para 250 ml.

• Indicador Eriochrome Black T: Misturar 0,5 g de corante com 100 g de NaCl para preparar um pó seco.

• Indicador de murexido: preparar uma mistura triturada de 200 mg de murexido com 100 g de NaCl (sólido).

• NaOH(2N): dissolver 80 g de NaOH e diluir para 1 litro.

• Solução padrão de EDTA (0,01N): dissolver 3,723 g de sal sódico de EDTA e diluir para 1 litro. Padronizado em relação à solução std. Solução de Ca , 1 ml =1 mg CaCO3

• Solução padrão de Ca: dissolver 1 g de CaCO3 em 250 ml de água destilada.

Procedimento: -

Colher 25 ou 50 ml de amostra bem misturada num erlenmeyer. Adicionar uma pitada de negro de eriocromo T e titular com EDTA std. EDTA (0,01M) até a cor vermelho-vinho mudar para azul (o volume de EDTA é A). Efetuar um branco de reagente Anotar o volume de EDTA (B). Calcular o volume de EDTA necessário para a amostra, C=(A-B), a partir do volume de EDTA necessário nas etapas 3 e 4.

Cálculo: -

Dureza total (mg/I) = C x D x 1000/ml de amostra em que D (mg $CaCO_3$) = 1 ml de titulante EDTA.

2.3.16 Dureza cálcica

Procedimento:-

• Colher 25 ml de amostra num balão.

• Adicionar 1 ml de NaOH para aumentar o pH para 12,0 e uma pitada de indicador de Murexido.

• Titular imediatamente com EDTA até a cor rosa mudar para púrpura (o volume de EDTA é A).

• Executar um branco de reagente

Cálculo:-

Dureza cálcica (mg/L) = A x D x 1000/ml de amostra

2.3.17 Dureza do magnésio

Dureza do magnésio (mg/L) = Dureza total - Dureza do cálcio

2.3.18 Ferro

O ferro encontra-se em todas as águas naturais, tanto na forma oxidada (férrica) como na forma reduzida (ferrosa). Nas águas subterrâneas, encontra-se no estado ferroso. Em condições aeróbicas, o estado ferroso é rapidamente oxidado a hidróxido férrico, sendo também libertado CO_2. O ferro férrico tem sido um importante nutriente para as plantas. É considerado quantitativamente o metal vestigial mais importante para os autótrofos devido à sua indispensabilidade para muitas enzimas e processos redox.

Procedimento:-

• Pipetar 10 ml de amostra para um tubo de ensaio.

• Adicionar 5 gotas de Fe - AN a esta amostra e misturar bem.

• Efetuar um branco de reagente.

• Após o tempo de reação (3 min), colocar a solução em células separadas e efetuar a medição do branco e das amostras.

• As medições são tabeladas.

CAPÍTULO 3

RESULTADOS E DEBATES

3. Resultados e discussões

Os resultados de todos os parâmetros de qualidade da água analisados são tabulados para 3 estações; **outubro de 2012, janeiro de 2013 e abril de 2013** são os seguintes.

Tabela 1. Parâmetros de qualidade da água recolhidos em 13 estações em outubro de 2012.

Estação		Turbidez (NTU)	Cloreto (mg/L)	pH	DO (mg/L)	CBO (mg/L)	Salinidade (ppm)	TDS (ppm)	Condutividade eléctrica (µS)	Dureza Ca (ppm)	Dureza do Mg (ppm)	Dureza total (ppm)
1		9.7	20	6.28	6.4	5.12	1.28	24.1	26.5	37.4	5	45	50
2		8.3	20	6.11	6.08	2.88	3.2	20.4	19.6	27.5	5	45	50
3		8.9	10	6.88	5.76	2.56	3.2	28.2	33.1	46.6	5	45	50
4		10.7	20	6.08	6.8	2.88	3.92	39.7	52.6	73.7	5	45	50
5		7.2	20	5.74	6.08	1.6	4.48	41.7	55.1	77.4	10	40	50
6		9.4	20	7.09	6.08	1.92	4.16	38	49.4	69.5	10	40	50
7		10.3	20	7.08	8	2.88	5.12	38.9	51.2	72.4	120	580	700
8		8.2	20	5.56	7.68	2.56	5.12	43	58	81.4	95	455	550
9		9.7	230	6.34	4.8	0	4.8	504	76.6	107.7	65	335	400
10		9.2	1340	6.58	8.64	0	8.64	1780	2520	3590	70	480	550
11		11.4	1630	6.42	8	2.88	5.12	1750	3180	4490	45	105	150
12		11.3	2030	5.46	5.76	2.56	3.2	2210	3540	5000	15	85	100
13		10.4	1250	5.53	6.42	3.52	2.88	2530	2550	3690	10	40	50

Tabela 2. Parâmetros de qualidade da água recolhidos em 13 estações em janeiro de 2013.

Estação	Turbidez (NTU)	Cloreto (mg/L)	pH	DO (mg/L	CBO (mg/L)	Salinidade (ppm)	TDS (ppm)	Elétrico condutividade (µS)	Ca dureza (ppm)	Mg dureza (ppm)	Total dureza (ppm)
1	7.5	10	7.06	5.8	5.4	0.4	21.8	22.8	31.7	5	5	10
2	9.7	20	6.52	6.2	5	1.2	19.6	17.8	25	5	1	6
3	8.2	20	6.2	5.7	4.5	1.2	21.2	20.9	29.5	5	1	6
4	8.1	20	5.92	4.9	3.3	1.6	23.8	25.5	35.9	5	3	8
5	9.0	20	5.94	6.13	4.33	1.8	23.7	25.4	35.8	5	3	8
6	6.3	20	5.77	4.2	2.6	1.6	24.4	26.7	37.5	10	0	10
7	9.1	20	5.91	3.5	1.9	1.6	25.8	28.7	40.2	10	0	10
8	10	20	5.92	3.3	1.8	1.5	26.6	30.2	42.1	10	0	10
9	14.2	20	5.92	1.8	1.2	0.6	32.7	40.7	57.3	10	4	14
10	9.5	20	5.8	1.9	1.1	0.8	29.4	34.8	48.7	10	0	10
11	13	20	6.04	2.3	1.3	1	28.1	32.8	46.0	5	3	8
12	11.2	40	6.18	1.2	0.8	0.4	58.8	100	139.2	10	8	18
13	10.4	40	5.82	0.6	0.5	0.1	54.9	78.6	110.7	20	2	22

Tabela 3. Parâmetros de qualidade da água recolhidos em 13 estações em abril de 2013.

Estação	Turbidez (NTU)	Cloreto (mg/L)	pH	DO (mg/L)		CBO (mg/L)	Salinidade (ppm)	TDS (ppm)	Condutividade eléctrica (μS)	Dureza Ca (ppm)	Mg dureza (ppm)	Dureza total (ppm)
1	6.7	20	6.89	0.48	0.16	0.32	26.7	29.5	41.5	5	45	50
2	7.9	20	6.72	0.32	0.16	0.16	3.00E+01	24.7	34.7	5	45	50
3	8.5	20	6.66	0.48	0.16	0.32	3.20E+01	33.8	47.5	5	95	100
4	11	20	6.83	0.48	0.16	0.32	3.56E+01	55.5	78.4	10	40	50
5	13.7	30	6.59	0.48	0.16	0.32	4.14E+01	61.5	87	15	35	50
6	16.4	30	6.96	0.48	0.16	0.32	4.50E+01	618	63.8	15	35	50
7	23	390	6.6	0.48	0.16	0.32	4.05E+02	689	885	25	75	100
8	24.6	5530	6.22	3.2	0.16	3.04	606	7.03E+02	8620	255	1995	2250
9	25	4000	5.25	0.48	0.16	0.32	608	1.71E+03	9160	290	1260	1550
10	28	4500	5.45	0.48	0.16	0.32	1802	2.81E+03	8880	260	1790	2050
11	29.4	5850	5.9	0.48	0.16	0.32	1934	3.55E+03	9140	290	1010	1300
12	30	3650	6.04	0.48	0.16	0.32	2513	4.56E+03	6930	215	1785	2000
13	11	800	6.62	0.48	0.16	0.32	1793	2.57E+03	2340	80	270	350

3.1 Turbidez

A turvação, que é a turvação da água, é elevada em todas as treze amostras. A turvação é causada pela matéria em suspensão presente na água. Um nível elevado de turvação protege as bactérias da ação dos agentes desinfectantes. Não se observa um aumento ou uma diminuição contínuos, mas a turvação varia, o que mostra que a água está poluída. Comparando os resultados das três estações, é evidente que, nas amostras de outubro, a turbidez tem os valores mais elevados em Pennar e Kaipuzhayar (Figura 1). Nas amostras de janeiro, a turbidez também varia muito. Os valores de turbidez são mais elevados nas amostras recolhidas em abril do que nas duas estações anteriores. Os valores mostram um aumento constante até ao momento em que a água se funde no Kayal. Isto pode dever-se ao facto de a quantidade de água ser menor durante o verão e de os poluentes serem arrastados à medida que o rio corre da amostra 1 para a amostra 12.

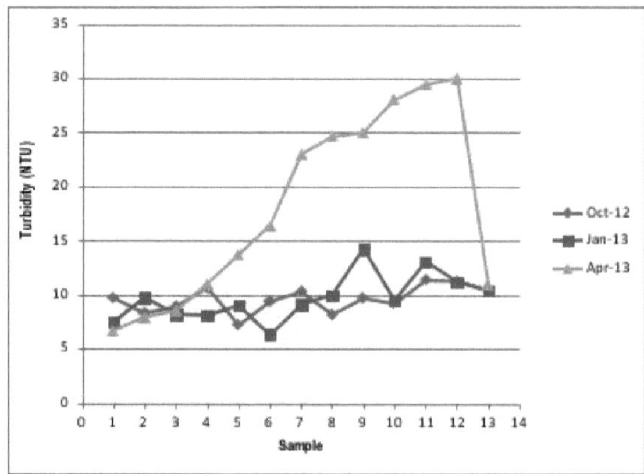

Figura 1. Gráfico de turbidez da água recolhida durante três estações do ano.

3.2 E. Coli

Os valores de E.coli são todos máximos desde a origem até o rio se fundir com o lago Vembanadu (> 1800/mL) em todas as estações. Isto é uma indicação da presença de excrementos humanos no rio. Não existem instalações sanitárias adequadas nas zonas em causa.

3.3 Cloreto

É evidente a partir do gráfico que o teor de iões cloreto é negligenciável para as primeiras oito amostras recolhidas em outubro, aumentando depois continuamente (Figura 2). As primeiras oito amostras foram recolhidas em zonas rurais e daí os valores mínimos. O teor de cloro é elevado nas zonas urbanas onde existem indústrias e fábricas. O teor de cloreto tem um valor máximo na região de Kaipuzhayar (amostra n.º 12). Este facto pode dever-se à proximidade de fábricas ou similares. Também se observa uma diminuição do teor de iões cloreto quando a água do rio se funde com o lago Vembanadu, onde ocorre a diluição. Outra razão para o aumento do teor de cloreto é a mistura da água do mar na região de Thanneermukkam. Todos os anos, a barreira de salinidade é fechada em 15 de dezembro[th] . Em consequência, a mistura da água do mar é impedida. É por isso que vemos um valor negligenciável para o ião cloreto nas amostras recolhidas em janeiro de 2013. Uma comparação do nível de cloreto de todas as três estações é mostrada abaixo. A água recolhida na terceira estação, que é abril de 2013, mostrou um enorme aumento no teor de cloreto. Isto deve-se ao facto de a barreira de salinidade em Thannermukkum ser aberta todos os anos em março. Como resultado, a água do mar mistura-se com a água do rio. Além disso, como abril é a estação do verão, a quantidade de água em todas as massas de água do rio é bastante menor.

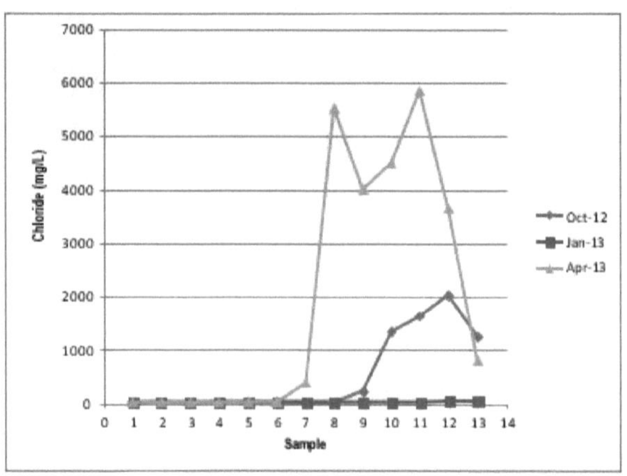

Figura 2. Gráfico do ião cloreto da água recolhida durante três estações.

3.4 Cloro residual

Os valores de cloro residual são zero em todos os locais durante as duas estações. Isto indica que a água não é útil para beber e que precisa de ser desinfectada antes de ser utilizada.

3.5 pH

De acordo com a OMS, a água potável deve ter um pH entre 6,5 e 9,2. O aumento ou diminuição deste valor não é aceite. Entre as amostras testadas em outubro, 9 locais estão fora deste intervalo (Figura 3). Na amostra testada, Kaipuzhayar tem o valor mais baixo (5,46). Entre as amostras de janeiro, a amostra n. 6 tem o valor mais baixo (5,77). Além disso, 11 locais estão fora do intervalo sugerido pela OMS. Entre as amostras de abril de 2013, as amostras n.º 8 até à amostra n.º 12 estão fora do intervalo sugerido pela OMS. 12 estão fora do intervalo sugerido pela OMS. A quantidade de água é menor durante a época de verão devido à falta de chuva. Os efluentes dos campos de arroz, que contêm fertilizantes lavados, podem provocar uma redução do pH.

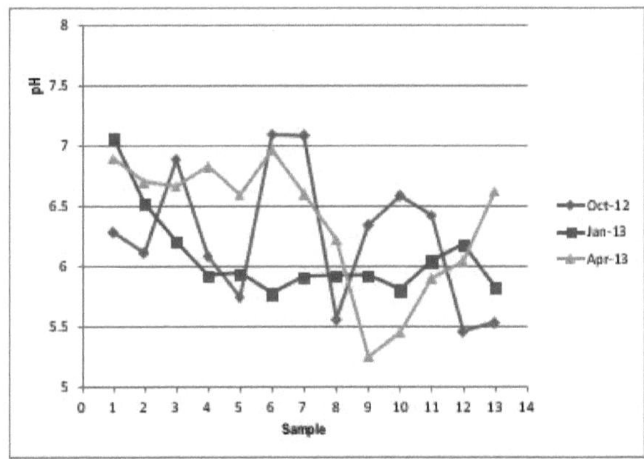

Figura 3. Gráfico do pH da água recolhida durante três estações do ano.

3.6 D.O. E B.O.D

A quantidade mínima de DO necessária para a sobrevivência confortável dos organismos aquáticos é de 4 mg/l. Entre as amostras testadas em outubro, todas as amostras de água tinham um valor inicial de DO superior a 4 mg/l (Figura 4). A água recolhida em Kavanar tem o valor mais elevado de DO, seguida das amostras de Chottuveli e Pennar. O valor mínimo de DO foi analisado para as amostras de Erattupetta e Kottathodu, tendo-se verificado que as outras amostras recolhidas tinham valores entre 4 e 8 mg/l. Isto mostra que todas as amostras têm uma boa quantidade de DO. A CBO afecta diretamente a quantidade de DO nos rios e ribeiros. A amostra de água recolhida em Kavanar é a que tem a maior quantidade de resíduos orgânicos, o que é evidente no seu valor de CBO. O valor inicial de DO para esta amostra foi de 8,64, que é o mesmo que o valor de CBO, a razão é que o seu valor final de DO é zero. Isto significa que a água está altamente poluída e que a vida aquática é impossível numa água com baixo valor de OD. A amostra recolhida na origem do rio Meenachil [Meladukkam] está menos poluída por resíduos orgânicos e, por isso, o valor de CBO foi muito baixo. A amostra recolhida em Kayal é comparativamente baixa. Este facto pode dever-se ao aumento do volume de água devido à fusão de diferentes massas de água e à diluição da água pelos resíduos orgânicos. O limite teórico de CBO é de 2mg/l, mas todas as amostras, exceto Meladukkam e Erattupetta, têm um valor de CBO superior a esse limite, o que significa que todas as outras amostras estão bastante poluídas.

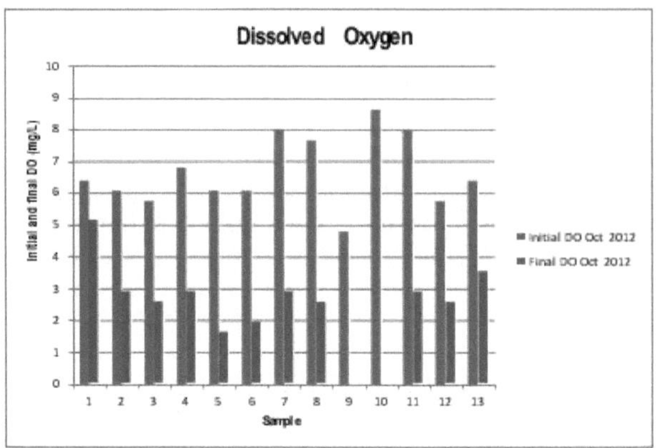

Figura 4. Valores de DO e CBO da água recolhida em outubro de 2012.

Em janeiro, os D.O. iniciais das amostras 7 a 13 são inferiores ao valor mínimo exigido de 4 mg/l. Esta água está muito poluída. Comparando os valores de CBO, estes são inferiores a 2 mg/L (Figura 5).

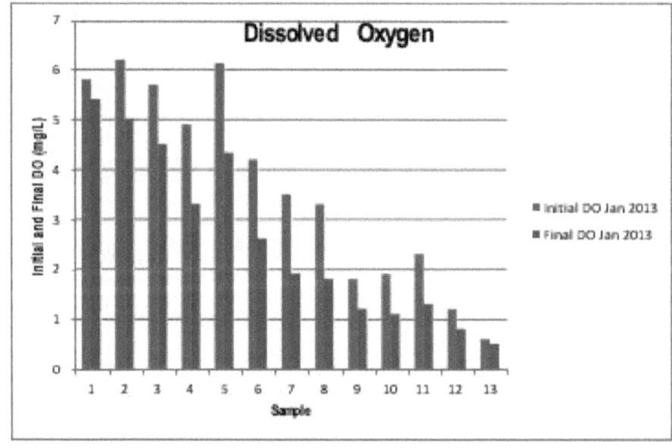

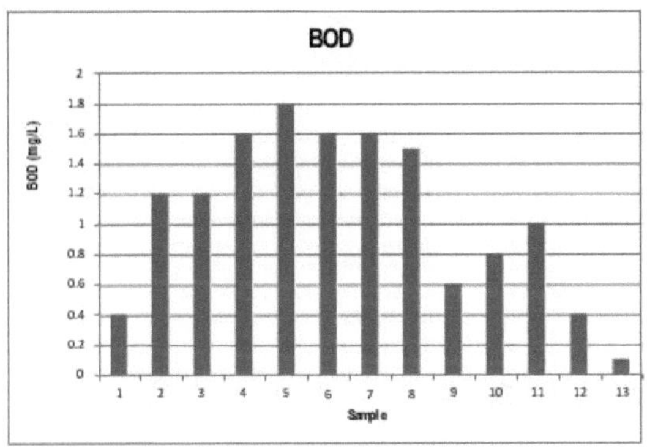

Figura 5. Valores de DO e CBO da água recolhida em janeiro de 2013.

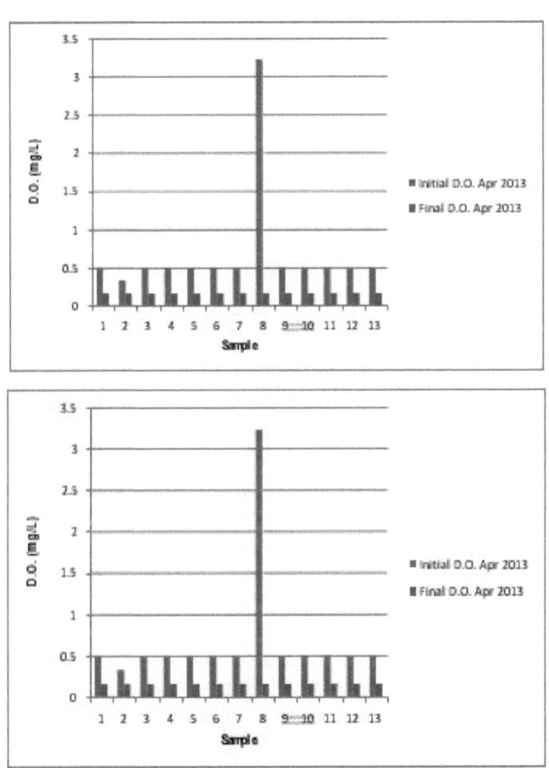

Figura 6. Valores de DO e CBO da água recolhida em abril de 2013.

Em abril, o D.O. inicial de todas as amostras é inferior ao valor mínimo exigido de 4 mg/l. Esta água está altamente poluída. Comparando os valores de CBO, todas as amostras, exceto a amostra no. 8 é inferior a 2 mg/L (Figura 6).

3.7 Fluoreto

A presença de fluoreto na água até 1mg/l é benéfica. O excesso de teor de fluoreto não é aceitável. Na amostra testada, o teor de fluoreto estava ausente e, portanto, não há presença de fluoreto

3.8 Salinidade

O gráfico da salinidade mostra um aumento dos movimentos da água residual ou "não boa" da amostra 1 para a amostra 13 (Figura 7). Isto deve-se ao facto de, no ponto de partida, ou seja, em Meladukkam, em Pala, a quantidade de efluentes residuais ser menor. Aumenta gradualmente ao deslocar-se para Kaipuzhayar. O aumento da salinidade da água ao aproximar-se do lago Vembanadu pode dever-se ao facto de ter sido construída uma barreira de salinidade em Thaneermukkam. Esta barreira impede os efeitos das marés e a descarga de contaminantes, o que resulta na acumulação de poluentes na parte sul. O aumento do teor de salinidade pode dever-se ao fecho desta barreira, que reduz o livre fluxo de água. Os valores de salinidade das amostras colhidas em janeiro são menores (Figura 7) porque a barreira de salinidade está fechada em dezembro e, por conseguinte, não há mistura de água do mar. Como era de esperar, a salinidade é muito mais elevada no verão (abril), uma vez que a água está concentrada.

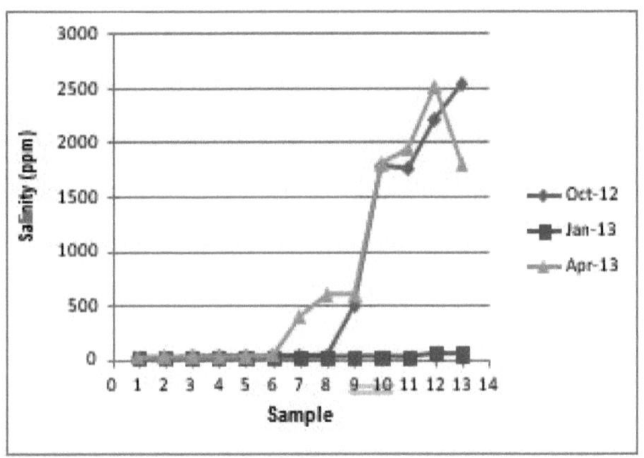

Figura 7. Valores de salinidade da água recolhida nas três estações do ano.

3.9 Amónio e nitrato

Não há gráficos para o nitrato e o amónio, uma vez que todos os seus valores são nulos.

3.10 Sólidos Totais Dissolvidos e Condutividade Eléctrica

Nas amostras de outubro, verifica-se que os TDS e a condutividade eléctrica aumentam gradualmente da origem para o fim, como esperado (Figura 8,9). As primeiras três amostras recolhidas são provenientes de zonas de aldeia. Não se observa um aumento elevado dos valores sucessivos. Mas Erattupetta (amostra 4) é uma área urbanizada onde se observa um pequeno aumento nos valores quando comparados com os três primeiros valores. Mas ainda assim é adequada para beber. No gráfico traçado para TDS e condutividade eléctrica, observa-se um aumento súbito para as mesmas amostras (amostra 10). Esta é a amostra recolhida em Kavanar. A área é uma zona agrícola e, por isso, os valores elevados dos parâmetros podem ser atribuídos ao escoamento agrícola. A água excede o valor MCL de 1000 mg/L e é imprópria para beber. De facto, os teores de TDS estão muito acima do limite, ou seja, acima de 2500 mg/L. As amostras 10, 11, 12 e 13 excedem este limite. Em Kayal, observa-se um pequeno decréscimo no gráfico, o que não é expetável. Isto pode ser explicado pelo facto de, neste ponto, se misturar um grande volume de água proveniente de vários cursos de água e o TDS por unidade de volume de água diminuir e, consequentemente, a condutividade eléctrica. Mas a diminuição do valor não é suficiente para que a água seja própria para consumo.

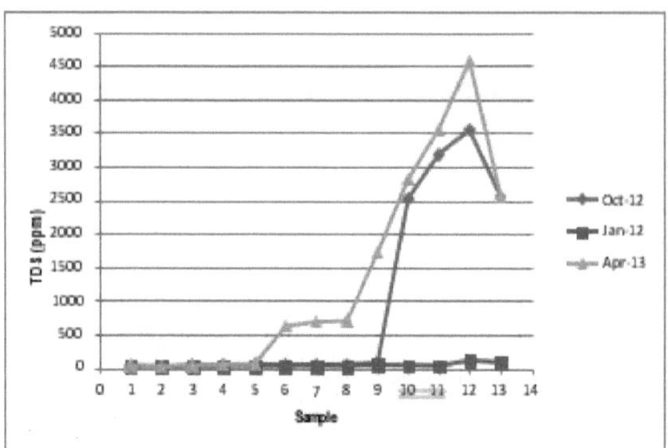

Figura 8. Valores de TDS e CE da água recolhida.

Os valores de TDS das amostras recolhidas em janeiro são baixos. Nenhum destes valores é superior ao valor MCL de 1000mg/L.

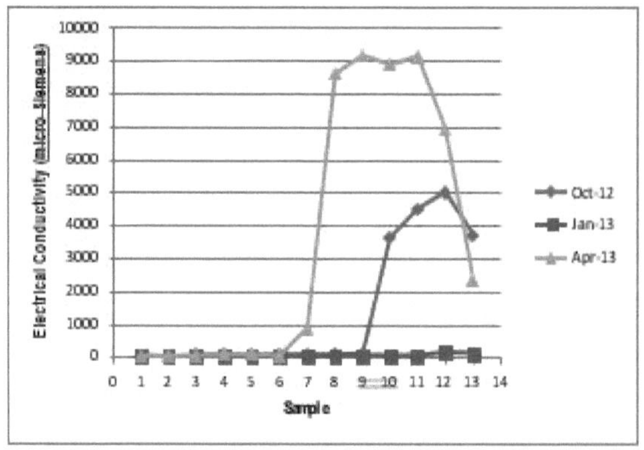

Figura 9. Valores de CE da água recolhida.

3.11 Fosfato

Verifica-se que o fosfato está presente em todas as amostras recolhidas. Os valores obtidos não são considerados perigosamente elevados, ou seja, são inferiores a 0,05 mg/L

3.12 Dureza de cálcio, dureza de magnésio e dureza total

Sabe-se que a dureza total da água está relacionada com a dureza do cálcio e com a dureza do magnésio. A partir do gráfico (Figura 10) é evidente que a dureza total, a dureza do magnésio e a dureza do cálcio da água são negligenciáveis para as primeiras 6 amostras, uma vez que estas amostras foram recolhidas em zonas rurais. A partir da sétima amostra, os valores continuam a aumentar. Verifica-se uma diminuição da dureza da água quando a água do rio se funde com o Vembanadu kayal, onde a diluição é máxima. A partir do gráfico da dureza total, da dureza cálcica e da dureza magnésica, observa-se um aumento súbito da dureza na mesma amostra, que é a amostra recolhida em Choottuveli. A dureza total, a dureza do magnésio e a dureza do cálcio da água são insignificantes nas amostras recolhidas em janeiro de 2013 (Figura 10).

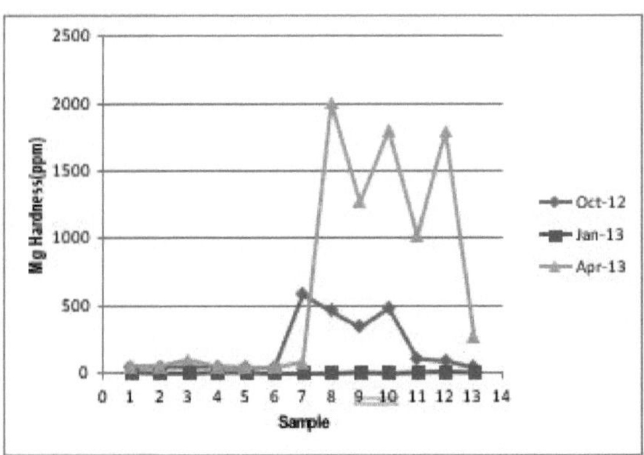

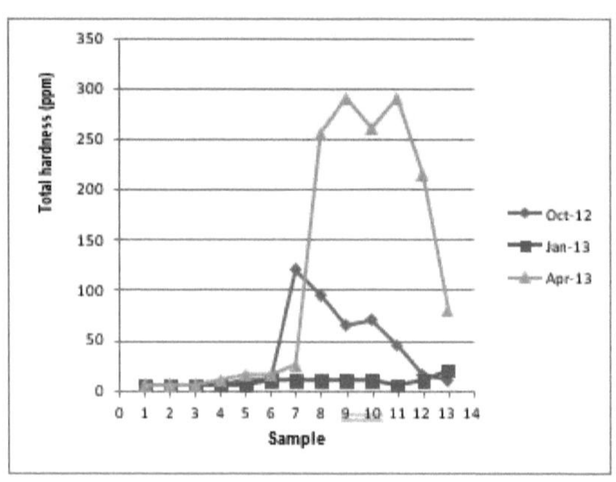

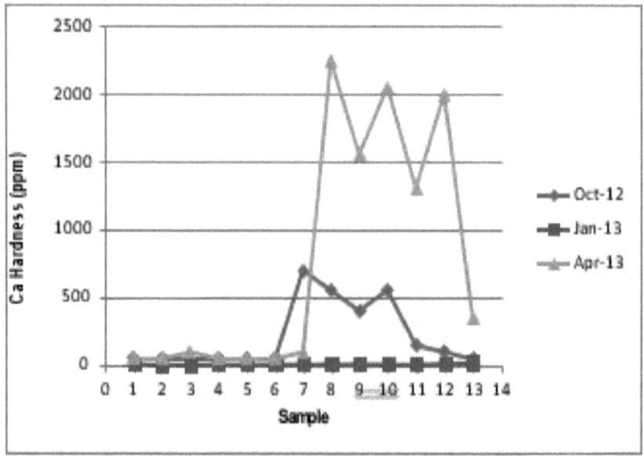

Figura 10. Valores de Ca, Mg e Dureza Total da água recolhida.

3.13 Ferro

Verifica-se que o ferro está ausente em todas as amostras recolhidas. Assim, podemos assumir que os problemas relacionados com o parâmetro ferro estão ausentes nestas áreas. A água é um meio de comunicação universal, é muito preciosa para nós e temos de a conservar corretamente.

CAPÍTULO 4
CONCLUSÕES

4.1 Conclusões

A partir do estudo efectuado, chegamos à conclusão de que quase todas as áreas do rio estão poluídas devido à contagem de bactérias coliformes fecais, à turbidez e ao elevado teor de cloreto. Entre as amostras testadas, todas as amostras, exceto Meladukkam e Eratttupetta, têm um valor de CBO superior ao limite admissível prescrito pelo BIS para fins de consumo. A amostra de água recolhida em Kavanar tem uma maior quantidade de resíduos orgânicos, o que é evidente no seu valor de CBO. A quantidade de DO nesta amostra é muito baixa. A CBO afecta diretamente a quantidade de OD nos rios e ribeiros. Quanto mais rapidamente o oxigénio se esgota no rio, maior é a CBO. Isto significa que há menos oxigénio disponível para a vida aquática. Um valor elevado de CBO prejudica a saúde do ribeiro da mesma forma que um valor baixo de OD: os organismos aquáticos ficam stressados, sufocam e morrem. Isto deve-se principalmente ao facto de o fosfato presente na água ser absorvido pelas algas. Isto resulta numa proliferação de algas. A proliferação de algas reduz o OD na água. Um valor baixo de DO indica um maior grau de poluição da água. Em conclusão, à medida que a estação de amostragem muda de 1 para 13, verifica-se um aumento da salinidade e, a partir da estação 9, é superior a 500 ppm, o que indica que a água é parcialmente salgada. Verificou-se que os valores são nulos para o nitrato e o amónio. Sabe-se que o TDS e a condutividade eléctrica estão diretamente relacionados entre si. A partir dos valores obtidos, é evidente que, se o valor de TDS for elevado, o valor da condutividade eléctrica também será elevado e vice-versa. A água recolhida em Kavanar e nas estações sucessivas (amostra 10 a amostra 13) é imprópria para beber em termos de TDS e está bastante poluída. As fontes de poluição podem ser o escoamento agrícola e o turismo. O teor de fosfato foi detectado em todas as amostras, mas não excedeu os limites. Uma pequena quantidade de fosfatos é aceitável, uma vez que é essencial para o crescimento das plantas. Por conseguinte, o teor de fosfato é considerado satisfatório. No entanto, se os valores aumentarem muito, podem conduzir à eutrofização e, consequentemente, a muitos problemas ambientais. A dureza total, a dureza do cálcio e a dureza do magnésio são elevadas nas zonas urbanas. À medida que o rio corre de Meladukkam para Kayal, a água vai sendo contaminada por resíduos domésticos, resíduos industriais, resíduos agrícolas, poluição devida a actividades humanas como tomar banho, lavar roupa, deitar fora plásticos, etc. O turismo é também uma das principais causas da poluição da água. Os contaminantes são transportados com a água do rio à medida que nos deslocamos da sua origem para o local onde se funde com o mar Arábico. Tudo isto é muito claro a partir dos pormenores obtidos na análise da amostra de água. As autoridades devem preocupar-se com estes problemas e tomar as medidas adequadas. O aumento das doenças observadas nas zonas ribeirinhas e nas suas imediações é uma indicação de que a água está poluída e de que não são tomadas medidas para remover os poluentes da água do rio e para impedir a eliminação de resíduos biológicos e químicos no rio. A presença de coliformes fecais indica que ainda não existem instalações sanitárias suficientes. A partir do estudo efectuado, é evidente que a maioria das áreas ao longo do rio estão altamente poluídas. Esta conclusão baseia-se em vários indicadores-chave, incluindo a presença de bactérias coliformes fecais, elevada turvação e níveis elevados de cloreto. Estes contaminantes indicam, coletivamente, que a qualidade da água está longe de cumprir as normas aceitáveis, especialmente para consumo humano. Entre as amostras de água testadas, a maioria apresenta um valor de carência biológica de oxigénio (CBO) que excede o limite admissível prescrito pelo Bureau of Indian Standards (BIS) para a água potável. As excepções a esta tendência incluem amostras recolhidas em Meladukkam e Erattupetta, que apresentam valores de CBO dentro dos limites aceitáveis. Uma observação notável é o elevado nível de CBO na amostra recolhida em Kavanar, indicando uma quantidade significativa de resíduos orgânicos na água. Os níveis de Oxigénio Dissolvido (OD) nesta amostra são particularmente baixos, o que é preocupante porque a CBO influencia diretamente os níveis de OD nos rios e ribeiros. A CBO é um indicador crucial da qualidade da água. Quando a CBO é elevada, o oxigénio é rapidamente consumido pela decomposição da matéria orgânica, deixando menos oxigénio disponível para outros organismos aquáticos. Este esgotamento de oxigénio leva ao stress, sufocação e eventual morte da vida aquática. O principal fator que contribui para a elevada CBO nas amostras de rio parece ser os níveis de fosfato, que suportam o crescimento de algas. Quando as algas proliferam, consomem mais oxigénio, levando à proliferação de algas, o que reduz ainda mais os níveis de OD e agrava a poluição da água. Os baixos valores de OD são um indicador claro da má qualidade da água, e esta tendência é consistente em várias estações de amostragem. À medida que nos deslocamos da estação 1 para a estação 13 ao longo do rio, verifica-se um aumento notável da salinidade, especialmente para além da estação 9, onde a salinidade excede os 500 ppm. Este aumento da salinidade sugere que a água está a tornar-se cada vez mais salobra, indicando uma potencial mistura com água do mar ou contaminação de outras fontes. Outra observação importante é o facto de os níveis de nitrato e amónio serem insignificantes nas amostras testadas. Isto pode indicar que os fertilizantes agrícolas, que frequentemente contribuem para a poluição por nitratos e amónio, não são a principal preocupação nestas áreas. No entanto, os valores de sólidos dissolvidos totais (TDS) e de condutividade eléctrica estavam estreitamente correlacionados. Altos níveis de TDS foram observados nas amostras de água de Kavanar e estações subsequentes (amostra 10 a amostra 13), tornando esta porção do rio imprópria para beber. Os elevados níveis de TDS sugerem a presença de sais dissolvidos, minerais e outros contaminantes, que podem ter origem no escoamento agrícola e nas actividades turísticas. Embora o fosfato tenha sido detectado em todas as amostras, a sua concentração não excedeu os limites permitidos. O fosfato, em pequenas quantidades, é essencial para o crescimento das plantas, mas níveis elevados podem despoletar a eutrofização, conduzindo a problemas ambientais generalizados. A eutrofização ocorre quando o excesso de nutrientes, particularmente o fosfato, leva a um crescimento excessivo de algas, o que esgota o oxigénio e resulta na morte de organismos aquáticos. Embora os níveis de fosfato neste estudo tenham sido considerados satisfatórios, é necessária uma monitorização contínua para evitar futuras degradações ambientais. Outro fator que contribui para a contaminação da água é a dureza, sobretudo nas zonas urbanas. O estudo revelou que a dureza total, a dureza do cálcio e a dureza do magnésio são mais elevadas nas regiões onde a atividade humana está mais concentrada. À medida que o rio corre a jusante de Meladukkam em direção a Kayal, torna-se progressivamente mais contaminado por resíduos domésticos, efluentes industriais, escoamento agrícola e poluentes provenientes de actividades humanas, como banhos, lavagem de roupa e eliminação inadequada de plásticos. O turismo também desempenha um papel significativo na degradação da qualidade da água. Os visitantes da zona contribuem para a poluição do rio através da eliminação incorrecta de resíduos, incluindo plásticos e outros materiais não biodegradáveis. À medida que o rio corre em direção à sua foz, onde acaba por se fundir com o Mar Arábico, transporta consigo os poluentes recolhidos ao longo do seu curso. As conclusões do estudo tornam claro que as fontes de poluição ao longo do rio são muito diversas e generalizadas.

Implicações para a saúde pública e a gestão ambiental

A presença de coliformes fecais nas amostras de água é particularmente preocupante, pois indica a contaminação da água por dejectos humanos ou animais. Isto sugere que não existem instalações sanitárias adequadas nas áreas que rodeiam o rio, o que leva à descarga direta de resíduos na água. As implicações deste facto para a saúde são graves. As bactérias coliformes fecais na água podem causar várias doenças transmitidas pela água, incluindo disenteria, cólera e gastroenterite. O aumento de doenças entre as populações que vivem perto do rio é uma consequência direta da água poluída e da falta de medidas eficazes para evitar a contaminação. Dada a extensão da poluição revelada por este estudo, é crucial que as autoridades locais tomem medidas imediatas. São necessárias medidas abrangentes de tratamento da água para remover os poluentes biológicos e químicos do rio. Além disso, devem ser aplicadas normas mais rigorosas para evitar a descarga de resíduos não tratados no rio. As campanhas de sensibilização do público também poderiam ajudar a reduzir a poluição, educando os residentes e os turistas sobre a importância de manter a qualidade da água e de eliminar os resíduos de forma responsável. Em conclusão, os resultados dos testes de qualidade da água apresentam um quadro sombrio do estado do rio. O aumento da salinidade, o elevado nível de CBO, o baixo nível de OD e a presença de bactérias nocivas indicam que a água não é segura para consumo e constitui uma ameaça para a vida aquática e para a saúde humana. É necessária uma intervenção imediata para tratar as fontes de poluição, evitar uma maior degradação ambiental e assegurar a sustentabilidade a longo prazo do ecossistema do rio.

CAPÍTULO 5
REFERÊNCIAS

1. Holdgate, M.W. (1975) "The management of water quality and the environment", Marine Pollution Bulletin, 6(6), p. 96. doi:10.1016/0025-326x (75)90153-8.

2. White, CarletonS. (1976) 'Factors influencing natural water quality and changes resulting from land-use practices', Water, Air, and Soil Pollution, 6(1). doi:10.1007/bf00158715.

3. Elliott, M. (1998) "Water quality: Management of a natural resource", Marine Pollution Bulletin, 36(4), pp. 312-313. doi:10.1016/s0025-326x (97)00155-0.

4. Projeto do vale do rio Meenachil: Irrigation-kerala (sem data) Irrigation. Disponível em: https://www.irrigation.kerala.gov.in/meenachil-river-valley-project (Acedido em: 07 de setembro de 2024).

5. Vincy, M.V., Rajan, B. e Pradeepkumar, A.P. (2012) 'Geographic information system- based morphometric characterization of sub-watersheds of Meenachil River Basin, Kottayam District, Kerala, India', Geocarto International, 27(8), pp. 661-684. doi:10.1080/10106049.2012.657694.

6. Vincy, M.V., Brilliant, R. e Pradeepkumar, A.P. (2014) "Caracterização hidroquímica e avaliação da qualidade das águas subterrâneas para fins de consumo e irrigação: A case study of meenachil river basin, Western Ghats, Kerala, India', Environmental Monitoring and Assessment, 187(1). doi:10.1007/s10661-014-4217-4.

7. Radhika, R., Mathew, S. and Prasad, S. (2023) 'Physico - Chemical and biological water quality analyses of Meenachil River, Kottayam, Kerala, South India', UTTAR PRADESH JOURNAL OF ZOOLOGY, pp. 79-94. doi:10.56557/upjoz/2023/v44i23408.

8. Golterman, H.L. e Oude, N.T. (1991) 'Eutrophication of lakes, rivers and Coastal Seas', Water Pollution, pp. 79-124. doi:10.1007/978-3-540-46685-7_3.

9. Chen, X., Yin, G., Zhao, N., Gan, T., Yang, R., Xia, M., Feng, C., Chen, Y., & Huang, Y. (2021). Determinação simultânea de nitrato, demanda química de oxigênio e turbidez na água com base na espetrometria de absorção UV-Vis combinada com análise de intervalo. Spectrochimica Ata Part a Molecular and Biomolecular Spectroscopy, 244, 118827. https://doi.org/10.1016/j.saa.2020.118827.

10. Wohlsen, T., Bates, J., Vesey, G., Robinson, W., & Katouli, M. (2006). Avaliação dos métodos de enumeração de bactérias coliformes em amostras de água utilizando padrões de referência precisos. Letters in Applied Microbiology, 42(4), 350-356. https://doi.org/10.1111/j.1472-765x.2006.01854.x

11. Le Chevallier, M. W., Welch, N. J., & Smith, D. B. (1996). Estudos à escala real de factores relacionados com o recrescimento de coliformes na água potável. Applied and Environmental Microbiology, 62(7), 2201-2211. https://doi.org/10.1128/aem.62.7.2201-2211.1996

12. Hua, G., & Reckhow, D. A. (2007). Comparação da formação de subprodutos de desinfeção a partir do cloro e de desinfectantes alternativos. Water Research, 41(8), 1667-1678. https://doi.org/10.1016/j.watres.2007.01.032

13. Marino, D. F., & Ingle, J. D. (1981). Determinação do cloro na água por quimiluminescência de luminol. Analytical Chemistry, 53(3), 455-458. https://doi.org/10.1021/ac00226a015

14. You, Y., Han, J., Chiu, P. C., & Jin, Y. (2005). Remoção e Inativação de Vírus de Origem Hídrica Utilizando Ferro Zerovalente. Environmental Science & Technology, 39(23), 9263- 9269. https://doi.org/10.1021/es050829j

15. Li, X., Gu, D. M., Qi, J. Y., M, U., & Zhao, H. B. (2003). Modelação do cloro residual no sistema de distribuição de água. PubMed, 15(1), 136-144. https://pubmed.ncbi.nlm.nih.gov/12602618

16. Qiao, M., Fletcher, D., Smith, D., & Northcutt, J. (2001). The Effect of Broiler Breast Meat Color on pH, Moisture, Water-Holding Capacity, and Emulsification Capacity (O efeito da cor da carne do peito de frango no pH, humidade, capacidade de retenção de água e capacidade de emulsificação).

Poultry Science, 80(5), 676-680. https://doi.org/10.1093/ps/80.5.676

17. Liang, C., Wang, Z. S., & Bruell, C. J. (2007). Influência do pH na oxidação do persulfato de TCE à temperatura ambiente. Chemosphere, 66(1), 106-113. https://doi.org/10.1016/j.chemosphere.2006.05.026

18. Butler, I. (1994). Remoção de oxigénio dissolvido da água: A comparison of four common techniques. Talanta, 41(2), 211-215. https://doi.org/10.1016/0039-9140(94)80110-x.

19. Atkinson, C. A., Jolley, D. F., & Simpson, S. L. (2007). Effect of overlying water pH, dissolved oxygen, salinity and sediment disturbances on metal release and sequestration from metal contaminated marine sediments. Chemosphere, 69(9), 1428-1437. https://doi.org/10.1016/j.chemosphere.2007.04.068

20. Chang, I. S., Jang, J. K., Gil, G. C., Kim, M., Kim, H. J., Cho, B. W., & Kim, B. H. (2004). Determinação contínua da carência bioquímica de oxigénio utilizando um biossensor do tipo célula de combustível microbiana. Biosensors and Bioelectronics, 19(6), 607-613. https://doi.org/10.1016/s0956-5663(03)00272-0

21. Brill, E. D., Eheart, J. W., Kshirsagar, S. R., & Lence, B. J. (1984). Water Quality Impacts of Biochemical Oxygen Demand Under Transferable Discharge Permit Programs (Impactos na Qualidade da Água da Carência Bioquímica de Oxigénio em Programas de Licenças de Descarga Transferíveis). Water Resources Research, 20(4), 445-455. https://doi.org/10.1029/wr020i004p00445

22. Zazouli, M. A., & Gholilou, M. A. (2013). Levantamento da qualidade química (Nitrato, Flouride, Dureza, Condutividade Elétrica) da água de driking na cidade de Khoy. Majallah-i Dānishgāh- i ʻUlūm-i Pizishkī-i Māzandarān/Journal of Mazandaran University of Medical Sciences, 22(2), 80-84. https://jmums.mazums.ac.ir/article-1-2067-en.pdf

23. Young, J. C., Clesceri, L. S., & Kamhawy, S. M. (2005). Changes in the Biochemical Oxygen Demand Procedure in the 21st Edition of Standard Methods for the Examination of Water and Wastewater. Water Environment

Research, 77(4), 404-410. https://doi.org/10.2175/106143005x51987

24. Yan, N., Marschner, P., Cao, W., Zuo, C., & Qin, W. (2015). Influência da salinidade e do teor de água nos microorganismos do solo. International Soil and Water Conservation Research, 3(4), 316-323. https://doi.org/10.1016/j.iswcr.2015.11.003

25. Brass, G. W., Southam, J. R., & Peterson, W. H. (1982). Água de fundo salina quente no oceano antigo. Nature, 296(5858), 620-623. https://doi.org/10.1038/296620a0

26. Molins-Legua, C., Meseguer-Lloret, S., Moliner-Martinez, Y., & Campíns-Falcó, P. (2006). Um guia para a seleção do método mais adequado para a determinação de amónio na análise de águas. TrAC Trends in Analytical Chemistry, 25(3), 282-290. https://doi.org/10.1016/j.trac.2005.12.002

27. Bazin, P., Alenda, A., & Thibault-Starzyk, F. (2010). Interação de água e amónio no zeólito NaHY detectada por IR combinado e análise gravimétrica (AGIR). Dalton Transactions, 39(36), 8432. https://doi.org/10.1039/c0dt00158a

28. Korošec, R. C., Kajič, P., & Bukovec, P. (2007). Determinação do teor de água, nitrato de amónio e nitrato de sódio em emulsões "água em óleo" usando TG e DSC. Journal of Thermal Analysis and Calorimetry, 89(2), 619-624. https://doi.org/10.1007/s10973- 006-7609-z

29. Tsezou, A., Kitsiou-Tzeli, S., Calla, A., Gourgiotis, D., Papageorgiou, J., Mitrou, S., Molybdas, P. A., & Sinaniotis, C. (1996). Alto teor de nitrato na água potável: Cytogenetic Effects in Exposed Children. Archives of Environmental Health an International Journal, 51(6), 458-461. https://doi.org/10.1080/00039896.1996.9936046

30. Pedersen, J. K., Bjerg, P. L., & Christensen, T. H. (1991). Correlação dos perfis de nitratos com as caraterísticas das águas subterrâneas e dos sedimentos num aquífero arenoso pouco profundo. Journal of Hydrology, 124(3-4), 263-277. https://doi.org/10.1016/0022-1694(91)90018-d

31. Maliki, A. a. A., Chabuk, A., Sultan, M. A., Hashim, B. M., Hussain, H. M., & Al- Ansari, N. (2020). Estimativa de sólidos dissolvidos totais em corpos

d'água por índices espectrais Estudo de caso: Rio Shatt al-Arab. Water Air & Soil Pollution, 231(9). https://doi.org/10.1007/s11270-020-04844-z

32. Rahmanian, N., Ali, S. H. B., Homayoonfard, M., Ali, N. J., Rehan, M., Sadef, Y., & Nizami, A. S. (2015). Análise de parâmetros físico-químicos para avaliar a qualidade da água potável no estado de Perak, Malásia. Journal of Chemistry, 2015, 1-10. https://doi.org/10.1155/2015/716125

33. Chusov, A. N., Bondarenko, E. A., & Andrianova, M. J. (2014). Estudo da Condutividade Elétrica da Água do Córrego Urbano Poluída com Efluentes Municipais. Mecânica Aplicada e Materiais, 641-642, 1172-1175. https://doi.org/10.4028/www.scientific.net/amm.641-642.1172

34. Taniewska-Osińska, S., Kozłowski, Z., Nowicka, B., Bald, A., & Szejgis, A. (1989). Calor de solução e condutividade elétrica de eletrólitos em misturas de água-tetrahidrofurano. Journal of the Chemical Society Faraday Transactions 1 Physical Chemistry in Condensed Phases, 85(3), 479. https://doi.org/10.1039/f19898500479

35. Yao, B., Xi, B., Hu, C., Huo, S., Su, J., & Liu, H. (2011). Um modelo e estudo experimental da cinética de absorção de fosfato em algas: Considerando a adsorção superficial e o stress de P. Journal of Environmental Sciences, 23(2), 189-198. https://doi.org/10.1016/s1001- 0742(10)60392-0

36. Imran, M., Khan, I., & Ullah, N. (2007). Poluição por nitrato e fosfato em águas superficiais e subterrâneas na Malásia Ocidental. Journal of the Chemical Society of Pakistan, 29(6),315. https://jcsp.org.pk/ArticleUpload/1200-5321-1-RV.pdf

37. Lambert, S. J., & Davy, A. J. (2010). A qualidade da água como uma ameaça para as plantas aquáticas: discriminação entre os efeitos do nitrato, fosfato, boro e metais pesados nas charófitas. New Phytologist, 189(4), 1051-1059. https://doi.org/10.1111/j.1469- 8137.2010.03543.x

38. Jemo, M., Sulieman, S., Bekkaoui, F., Olomide, O. a. K., Hashem, A., Allah, E. F. A., Alqarawi, A. A., & Tran, L. S. P. (2017). Análise comparativa dos efeitos combinados de <u>diferentes níveis de água e fosfato no crescimento e</u>

fixação biológica de nitrogênio de nove variedades de feijão-caupi. Fronteiras em Ciência das Plantas, 8. https://doi.org/10.3389/fpls.2017.02111

39. Ahmed, U., Mumtaz, R., Anwar, H., Mumtaz, S., & Qamar, A. M. (2019). Monitorização da qualidade da água: das tecnologias convencionais às emergentes. Water Science & Technology Water Supply, 20(1), 28-45. https://doi.org/10.2166/ws.2019.144

40. Smith, D. L., & Fritz, J. S. (1988). Determinação rápida da dureza de magnésio e cálcio na água por cromatografia iónica. Analytica Chimica Ata, 204, 87-93. https://doi.org/10.1016/s0003-2670(00)86348-5

41. Lacy, J. (1963). Determinação semi-automática da dureza de cálcio e magnésio na água. Talanta, 10(9), 1031-1040. https://doi.org/10.1016/0039-9140(63)80135-6

42. Leurs, L. J., Schouten, L. J., Mons, M. N., Goldbohm, R. A., & Van Den Brandt, P. A. (2010). Relationship between Tap Water Hardness, Magnesium, and Calcium Concentration and Mortality due to Ischemic Heart Disease or Stroke in the Netherlands (Relação entre a Dureza da Água da Torneira, Magnésio e Concentração de Cálcio e Mortalidade por Doença Cardíaca Isquémica ou Acidente Vascular Cerebral nos Países Baixos). Environmental Health Perspectives, 118(3), 414-420. https://doi.org/10.1289/ehp.0900782

43. Annem, S. (2017). Determinação do teor de ferro na água. https://opus.govst.edu/capstones/348/

44. Robinson, D., Bell, J., & Batchelor, C. (1994). Influência dos minerais de ferro na determinação do teor de água do solo utilizando técnicas dieléctricas. Journal of Hydrology, 161(1-4), 169-180. https://doi.org/10.1016/0022-1694(94)90127-9

45. Vega, M., Pardo, R., Barrado, E., & Debán, L. (1998). Avaliação dos efeitos sazonais e poluentes na qualidade da água do rio através da análise exploratória de dados. Water Research, 32(12), 3581-3592. https://doi.org/10.1016/s0043-1354(98)00138-9

46. Lenat, D. R. (1988). Water Quality Assessment of Streams Using a Qualitative Collection Method for Benthic Macroinvertebrates (Avaliação da Qualidade da Água de Cursos de Água Utilizando um Método de Recolha Qualitativo para Macroinvertebrados Bentónicos). Journal of the North American Benthological Society, 7(3), 222-233. https://doi.org/10.2307/1467422

47. Brown, E., Skougstad, M. W., & Fishman, M. J. (1970). Methods for collection and analysis of water samples for dissolved minerals and gases. https://doi.org/10.3133/twri05a1_1970

48. Francy, D. S., Myers, D. N., & Metzker, K. D. (1993). Escherichia Coli e Bactérias coliformes fecais como indicadores da qualidade da água para fins recreativos. http://books.google.ie/books?id=habKYj1BjCEC&printsec=frontcover&dq=e+coli+deter mination+in+water&hl=&cd=1&source=gbs_api

49. Theriault, E. J. (1925). The Determination of Dissolved Oxygen by the Winkler Method.

50. Jasni, F. Z. (2006). Determinação do Oxigénio Dissolvido (OD) e da Carência Bioquímica de Oxigénio (CBO) na Lagoa de Likas, Kota Kinabalu.

yes
I want morebooks!

Buy your books fast and straightforward online - at one of world's fastest growing online book stores! Environmentally sound due to Print-on-Demand technologies.

Buy your books online at
www.morebooks.shop

Compre os seus livros mais rápido e diretamente na internet, em uma das livrarias on-line com o maior crescimento no mundo! Produção que protege o meio ambiente através das tecnologias de impressão sob demanda.

Compre os seus livros on-line em
www.morebooks.shop

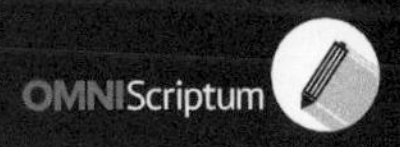

Printed by Books on Demand GmbH, Norderstedt / Germany